非标准建筑笔记

Non-Standard
Architecture Note

非标准地景
当代地景建筑"非常规融合技巧"
Unconventional
Integration Skills

丛书主编　赵劲松

陈克强　编　著

中国水利水电出版社
www.waterpub.com.cn
·北京·

序
PREFACE

关于《非标准建筑笔记》

这是我们工作室《非标准建筑笔记》系列丛书的第三辑，一共八本。如果说编辑这八本书遵循了什么共同原则的话，我觉得那可能就是"超越边界"。

有人说："世界上最早意识到水的一定不是鱼。"我们很多时候也会因为对一些先入为主的观念习以为常而意识不到事物边界的存在。但边界却无时无刻不在潜移默化地影响着我们的行为和判断。

费孝通先生曾用"文化自觉"一词讨论"自觉"对于文化发展的重要意义。我觉得"自觉"这个词对于设计来讲也同样重要。当大多数人在做设计时无意识地遵循着约定俗成的认知时，总有一些人会自觉到设计边界的局限，从而问一句"为什么一定要是这个样子呢？"于是他们再次回到原点去重新思考边界的含义。建筑设计中的创新往往就是这样产生出来的。许多创新并不是推倒重来，而是寻找合适的契机去改变人们观察和评价事物的角度，从而在大家不经意的地方获得重新整合资源的机遇。

我们工作室起名叫非标准建筑，也是希望能够对事物标准的边界保持一点清醒和反思，时刻提醒自己世界上没有什么概念是理所当然的。

在丛书即将付梓之际，衷心感谢中国水利水电出版社的李亮分社长、杨薇编辑以及出版社各位同仁对本书出版所付出的辛勤努力；衷心感谢各建筑网站提供的丰富资料，使我们足不出户就能领略世界各地的优秀设计；衷心感谢所有关心和帮助过我们的朋友们。

天津大学建筑学院
非标准建筑工作室
赵劲松
2017 年 4 月 18 日

前　言
FOREWORD

地景建筑研究缘起

在建筑技术不断发展的当今社会，各种基于高新技术的建筑物出现在我们的视野中。但我们不得不承认的是，即使是最出色的建筑师所创造出的最杰出的建筑，也无法从美感上或复杂程度上胜过自然地景。我们所有对艺术美的感受，如建筑艺术中的比例与尺度、节奏与色彩、均衡与稳定等，归根结底都源于对自然多样性的探索、归结和抽象。然而，人工建筑美远不像真的自然地景美那样，给人以丰富的联想和深刻的感动。

在很长一段时间里，自然地景的意义被人们忽略了。现代科学理性下的建筑功能、技术、几何美、机器美，使越来越多体现人与自然分离的建筑占据了城市主导地位。大城市越来越千篇一律，在人为的热闹喧嚣背后，潜藏的是钢铁、混凝土、玻璃、化工产品的冰冷和枯燥，人们更愿居住在具有田园色彩的郊区，也更愿寻求闲暇时间去享受那令人感动的自然。不可否认的是，现代城市和建筑给我们大多数人带来了"方便、舒适"的生活。在这个前提下，如何在不可避免的人为环境中把人和自然联系在一起，成为后工业化时代城市建筑创造需要面对的重要议题之一。随着景观都市主义、建筑现象学等学科的出现，人们在城市、建筑环境创造中又开始重新关注、借鉴、引入自然环境或这类环境所拥有的美，关注人们可从中获得的，内心深处不可割舍的体验。

在这样的前提下，越来越多的设计实践开始关心如何回应自然环境与自然地形。而在这其中，以建筑和地景一体化的地景化建筑最具有这种倾向，同时也最让人印象深刻。这些作品简单地看仅仅是一些与大地相连接的坡地构成的建筑形态，但是深入了解可以发现，在这些相似形态的下面暗含着某种潜在的设计逻辑和实现手法。这些手法正在被建筑师有意或无意地大量采用。因此，本书的研究缘起就是希望通过对这类建筑的设计手法进行思考归纳，为将来在设计实践中灵活运用这类设计手法提供依据。

陈克强

2017 年 2 月

目　录
CONTENTS

序　关于《非标准建筑笔记》　　　　　　　　002

前言　地景建筑研究缘起　　　　　　　　　004

01　地景化设计手法在不同层面的运用　　　008

02　地景化设计手法所创造的独特效果　　　080

01

地景化设计手法在不同层面的运用

　　本章分成四个小节，分别从自然、城市、建筑、场所四个方面总结出一些地景化建筑的独特设计手法。

自然层面——创造有机网格体系

通过自然参数软化城市肌理

项目名称：AA 建筑学院地景设计方案——自足城市
设计者：AA 建筑学院在校生
图片来源：《城市空间设计》

　　该方案将自然变量与自然因素作为逻辑出发点，结合具体的城市活动与行为，运用参数化控制的方式，自发地形成城市网格。这种网格天然就带有自然有机的形态。设计者将从山体上流下来的水流对于降雨量的影响作为一个重要的参数，不同降雨量所对应的适合种植的植物按照数据统计的结果安置在基地上，再结合不同植物的边界来设置路网、居住区、公共建筑等城市要素，用参数化的方法创造出一种针对这一地貌的可以复制的城市衍生系统。

　　这种网格体系能有效地将城市原本机械的网格体系软化，使城市形态与自然地貌相协调。

自然层面——维护自然原有形态

结合河流走势的地景化城市肌理

项目名称：AA 建筑学院地景设计方案——疏建合一
设计者：AA 建筑学院在校生
图片来源：《城市空间设计》

　　首先分析河流的流动与走势，然后设计一套不破坏河道的城市道路系统，在此基础上通过地景化的建筑设计手法，对地表进行折叠、切割等，以形成建筑形态。

　　城市的发展完全地保留了自然地貌原有的形态特征，成为了丰富自然地貌的构成元素。

自然层面——创造人化自然生态

漂浮的自给自足生态城市

项目名称：漂浮的诺亚方舟
设计者：AA 建筑学院在校生
图片来源：http://www.zhulong.com

        还有一类回馈自然的地景化建筑的设计手法，是通过建筑城市形态与人造环境、人造生态的组合，来达到城市或社区成为人化自然的效果。

自然层面——创造人化自然生态

无建筑城市的地景化设想

项目名称：Europr City
设计者：BIG 建筑事务所
图片来源：http://www.zhulong.com

　　创造人化自然生态的方案，天生具有改良的味道。这类设计并不具体地解释城市功能如何与自然环境有机协调、如何保护自然环境，而是在设想自然环境都被破坏殆尽之后创造人化自然环境的手法。此类方案偏于概念性设计构想。但这些方案提供的建筑与人化自然生态复合的手法，也是实现景观都市主义所追求的"无建筑城市"构想的一种思路。

城市层面——"缝合"城市肌理

连续拓扑连形态将既有建筑连接成整体

项目名称：巴黎凯布兰利博物馆

图片来源：http://www.archdaily.com

凯布兰利博物馆的设计师对该建筑的屋面进行了重点设计，使该建筑成为从埃菲尔铁塔上观赏的主要视角。建筑成为一种建构景观。景观花园渗透到建筑中，使建筑和基地之间的界限变得模糊。立面扬弃了花哨的装饰处理，使进入建筑的过程成为渗透入建筑和环境的过程。

该建筑将周边现存的几个既有的建筑有机地"缝合"成一个整体，使城市的公共空间、现有建筑和新增建筑成为一个有机的系统。

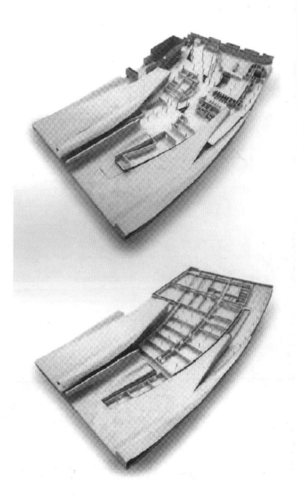

城市层面——缝合城市肌理

连续拓扑连形态将既有建筑连接成整体

项目名称：丹麦霍尔特文化中心

设计者：WE 建筑事务所

图片来源：http://www.archdaily.com

该方案巧妙地通过一个地景化建筑的介入，使两个孤立的体块形成一个整体。

地景化建筑与大地相连接的部分形成露天剧院的座位，同时引导人流走上原建筑屋顶形成的屋顶休息平台。在内部功能上也通过地景化建筑形态的介入，使两个独立的建筑形态的流线纳入到一个体系之中。

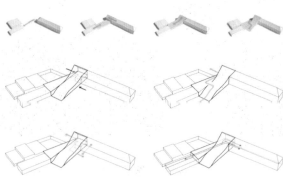

城市层面——激活城市要素

是桥，又是酒店

项目名称：月亮桥

设计者：BIG 建筑事务所

图片来源：http://www.archdaily.com

设计师巧妙地将城市的基础设施设计为地景化建筑。不仅对桥梁的形态进行了美化，还在与两岸衔接的部位开发设计了绿地系统。

这座跨河大桥被设计成一个同时具有酒店、办公、餐饮、游船码头等复合功能的商业综合体，原本只具有穿行功能的桥梁被赋予了更多的活力。

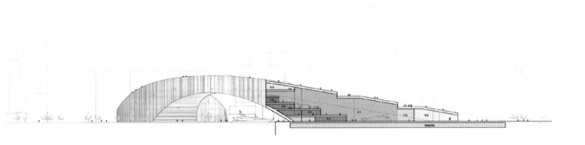

城市层面——激活城市要素

支撑结构也可以是城市公园

项目名称：月亮桥

设计者：BIG 建筑事务所

图片来源：http://www.archdaily.com

桥梁地景化的设计手法在很多方案中都有体现，如 BIG 建筑事务所设计的月亮桥，就是将桥梁的承重结构设计成一个立体的公园步道系统，通过绿化与景观引导人流穿行。

城市层面——形成体验通道

折叠地表

项目名称：Asplund 图书馆扩建
设计者：BIG 建筑事务所
图片来源：http://www.archdaily.com

该方案创造性地通过地景化的手法将扩建部分的建筑形态在场地上折叠。建筑变成了一个将城市空间、历史建筑与公园绿化连接在一起的装置。屋顶和道路浑然一体，既节约了空间，又增加了绿地和道路面积。

屋顶成为林荫大道。走进这个林荫大道就像走进了知识天堂，这里有礼堂、咖啡厅、学习区、天文台……所有这一切都相交在一个通过性的绿色空间之中，每一片树叶、每一片草地，都令让人融入大自然般的闲适阅览环境之中。

　　这个案例很好地诠释了体验通道这个主题，图书馆在发挥自身功能属性的同时担负了城市功能，联系了既有建筑、城市道路与公园，同时为城市提供了大量的公共活动平台。更重要的是，给人们提供了一种不同于以往的通行体验。

城市层面——形成体验通道

折叠地表

项目名称：Beton Hala Waterfront
设计者：DRN 建筑事务所
图片来源：http://www.archdaily.com

　　这个设计通过加入一个地景化的景观廊道，形成立体的城市景观体系。城市公共绿化带引导人流到海边，实现了从景区到景区的流畅通行。

　　地景化建筑形态的介入，引导了人流，梳理了交通，提供了大量的室内停车位。同时，建筑赋予了城市穿行丰富的景观体验，并给行人带来了连续且立体的观海角度。

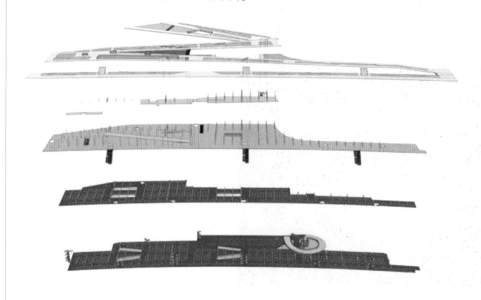

城市层面——形成体验通道

按压屋顶

项目名称：北大西洋文化馆
设计者：BIG 建筑事务所
图片来源：http://www.archdaily.com

该方案通过"按压"屋顶形成体验性通道。

建筑师通过对主要人流方向进行分析，直接将场地入口和滨海景观两点的连线作为控制线，"按压"建筑屋顶，使建筑形成两个与场地交界模糊的体量。

通过创造这种具有空间模糊性的外部空间形态，建筑屋顶提供给人们一种既可以穿越又可以停留的多义性的场所体验，既创造了城市的便捷通道，又丰富了穿行的体验感受。

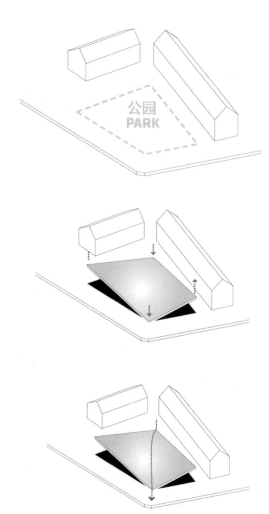

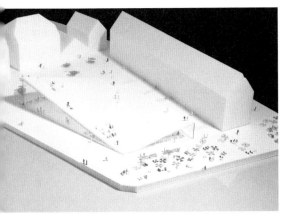
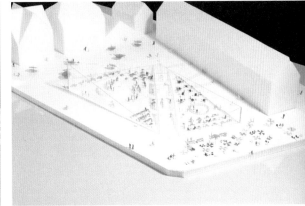

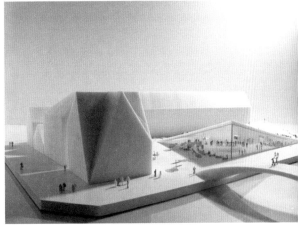

城市层面——形成体验通道

按压屋顶

项目名称：赫尔辛基图书馆竞赛方案
设计者：OODA 建筑事务所
图片来源：http://www.archdaily.com

设计师打破了"图书馆是存储书籍的建筑"这样的传统观念。

他们认为未来的图书馆是信息交换的中心。设计师将建筑体量沿对角线方向按压，在建筑的屋顶上形成了一条连接新城区与旧城区的通路。

被"按压"到地面上的建筑屋顶连接城市公共空间，作为登上屋顶的入口。

屋顶起伏的形态则可用于举办一些社会活动，如露天的演出、演讲、集会等。

建筑并没有因为本身巨大的体量而将新城与旧城分割，而是通过地景化的处理方法，使建筑屋顶成为了一个充满了活力的体验通道，促进了新城与旧城的交流。

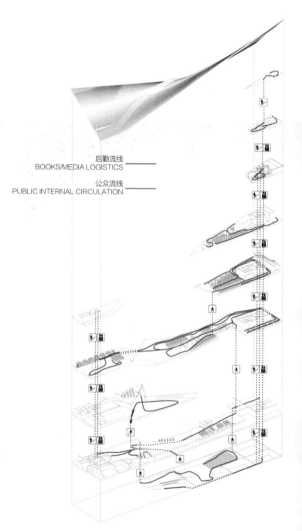

后勤流线
BOOKS/MEDIA LOGISTICS
公众流线
PUBLIC INTERNAL CIRCULATION

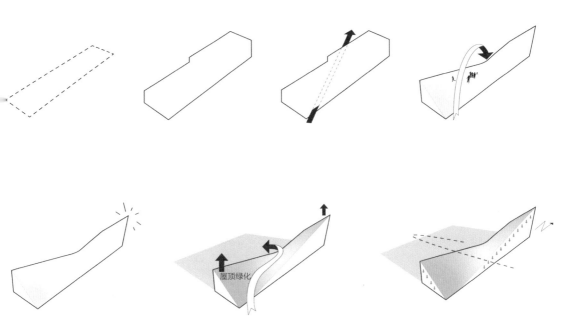

屋顶绿化

建筑层面——融合建筑景观

系统一体化

项目名称：阿伯丁城市花园
设计者：Diller Scofido 和 Renfro
图片来源：http://www.malcolmreading.co.uk

设计者希望在城市中心将自然和文化相互交织，以形成一个社会网络，将周围的城市肌理延续到公园中。根据城市已经存在的交通流线和周边功能，形成三维的路径网络系统覆盖整个场地。在抬升的路径下形成广场、展览厅、教室、表演厅等公共空间，或为外部场地或为室内空间。而形成的坡起则作为城市绿化，种植丰富的植被，这样形成与城市现状的交流。连续的路径将人们从城市中引导于此，而各种功能被系统化的路径整合在一起，并与公园景观相融合。公园内空间高低起伏，建筑与景观并存，在不同时间与位置，人们可以体验到不同的景致。

建筑层面——融合建筑景观

系统一体化

项目名称：顺天国际湿地中心
设计者：Gansam 建筑师事务所
图片来源：http://www.archdaily.com

虽然顺天国际湿地中心项目规模巨大且功能复杂，但是建筑师通过系统化的设计成功地将建筑对环境的影响降到最低。建筑与场地所形成的系统按照湿地和潮汐地的变化规律生成，可以主动适应环境变化。

设计使建筑淡入周围山川和湿地之中。一个绿色种植屋顶覆盖建筑的大部分空间，将建筑与景观彻底融为一体，在保护周围环境的同时，也使建筑自身成为优美环境的一部分。

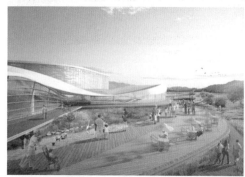

建筑层面——融合建筑景观

系统一体化

项目名称：日照游客中心
设计者：HHD_FUN 建筑事务所
图片来源：http://www.archdaily.com

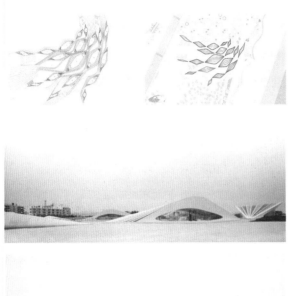

建筑师在场地上布置了取自同一个原型的 19 座相互独立的建筑。为了适应多种多样的功能，单个建筑的尺度、位置和朝向都各不相同。这些建筑的集合体组成了一个系统化的建筑群落，从而进一步创造出相互沟通的建筑和景观空间。从参数化技术的角度控制设计的整个过程，使得地景建筑真正跳出了传统建筑与场地对立的思考模式。

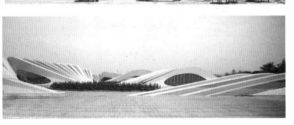

建筑层面——融合建筑景观

巨构一体化

项目名称：科学山丘（Science Hills）
设计者：Komatsu Mari Ito + UAO
图片来源：http://www.archdaily.com

伊东丰雄设计了科学山丘（Science Hills）。这个复合的地景化建筑本身是由四个低层的绿植坡顶组成的。

建筑融入了周围相对低的建筑群之中，同时也与遥远背景的山峰相互呼应。

科学博物馆坐落于"绿色的波浪"之下。带有绿植的波浪状屋顶提高了建筑整体的隔热效率，同时这种地景化的手法将建筑与景观结合为一个公共公园，使其成为了周边人们散步休闲的场所，极大地增加了场地内景观成分的比重，同时也提升了公共空间的趣味性。

建筑层面——融合建筑景观

巨构一体化

项目名称：印度 Aarvli 度假村
设计者：Serie 建筑事务所
图片来源：http://www.archdaily.com

本设计的优点体现在起伏的屋顶景观设计，这种景观表达了建筑与环境的一致性。

通过与山形的轮廓曲线协调一致，建筑很容易与自然环境发生关系。

带状的布局使得建筑两层地景化的部分具有了很强的公共活动属性。

屋顶绿化减少了太阳能对室内的热辐射，并有益于建筑融入环境。这种具有创新性的地景化设计使建筑物高度尊重其所在场地周边的自然环境，也使建筑获得了独特的空间品质。

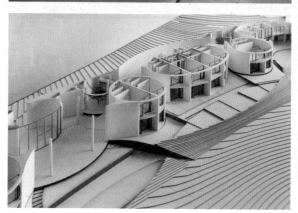

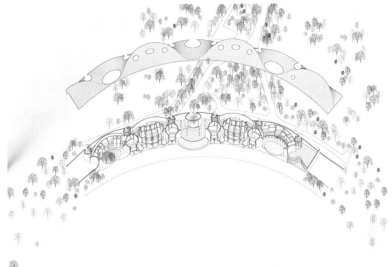

建筑层面——融合建筑景观

巨构一体化

项目名称：金门岛客轮码头规划项目
设计者：石上纯也
图片来源：http://www.archdaily.com

金门岛客轮码头项目中建筑屋顶的横向剖切面形态利用了金门本地的传统屋顶造型，这些剖切面不断延伸，形成一个巨大的屋顶。

这种巨大的屋顶在延展的过程中，每一个层次的构造与曲线各不相同，通过曲线之间的错动形成了绵延山峰般的地景化结构，层层叠叠的屋顶形成了洞穴般丰富的室内空间。

室内空间与室外景观的界限变得异常模糊，使得建筑室内也变得景观化，这让传统的建筑功能空间变得更加富有活力和趣味性。

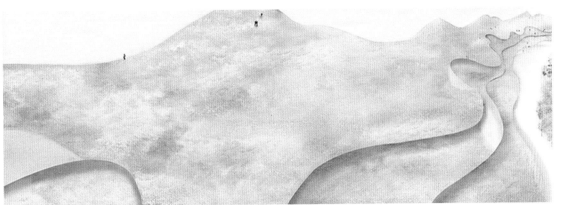

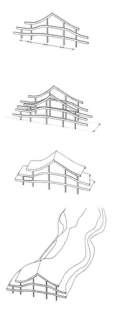

建筑层面——营造缓冲界面

邻居太奇特——放低姿态是最好的凸显

项目名称：荷兰代尔夫特技术大学图书馆
设计者：Mecanoo Architecture
图片来源：http://www.archdaily.com

在荷兰代尔夫特技术大学图书馆基地的旁边有一个著名的现代粗犷主义的公共礼堂，这是一座巨大的混凝土建筑。由于基地紧邻该礼堂，一般的建筑形态很难与它形成和谐的关系。设计师在处理建筑与周围环境的关系时，没有生硬地分割建筑与场地的关系，而是匠心独运地将主体设计成一个巨大的楔形地景建筑，并通过铺满草坪的屋顶作为建筑与周边环境的缓冲界面，巧妙地将建筑与学校的绿化系统有机地结合成一个整体，使得建筑的"势"蔓延得更加开阔。而礼堂架空体量下方的草坪也仿佛变成了该图书馆形态的延伸，使得建筑景观与周边现状之间巧妙地达到了缓冲过渡的效果，同时也为在这里读书的学生提供了一个更加有趣的休憩空间。

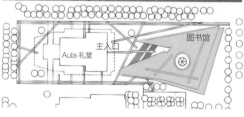

建筑层面——营造缓冲界面

公园般的屋顶——"私密"的公共空间

项目名称：中国成都当代美术馆
设计者：Jiakun 建筑事务所
图片来源：http://www.archdaily.com

　　该方案设计目的在于为周边社区提供一个休闲公园般的空间。建筑采用开放式的设计，地景绿色空间成为建筑的一层缓冲界面：一方面，它缓冲了来自场地外城市的压迫感，使人感觉不到周围建成建筑的规模，创造了一个属于社区的"私密"公共空间；另一方面，它形成建筑内部功能与外部场地间的缓冲，绿化坡地直通建筑二层的平台，形成建筑空间序列开始前温和而怡人的前奏。

建筑层面——营造缓冲界面

建筑面对城市，绿坡面对公园

项目名称：挪威绿宝林大学沃尔夫艺术中心
设计者：Snohetta 建筑事务所
图片来源：http://www.archdaily.com

建筑面向主要人流的一面是一个形象鲜明的人工体块，而面向学校既有建筑的一面则是一个开放的地景绿地系统。这种处理手法使得建筑具有两面性——识别性与缓冲性各得其所。

设计力图实现并促进不同专业的学生之间的交流、促进学生与老师的沟通。该中心建成后，是整个校园的公共空间。

建筑层面——营造缓冲界面

可供休闲交往的大型台阶

项目名称：丹麦红十字会志愿者房屋
设计者：COBE 建筑事务所
图片来源：http://www.archdaily.com

　　丹麦红十字会志愿者房屋的设计用一个三角形的体量作为加建部分，即从1950年建成的现有建筑结构上伸展出一个面向城市开敞的三角形界面。该界面是新建结构的屋面，露面、植被和阶梯分布其上，形成一个壮观的阶梯广场。

　　项目基地位于哥本哈根市中心区域，三角形阶梯广场向城市打开，形成一个邀请路人停留、休息的城市空间。这一空间易被访问，这使得该项目能够被公众使用。三角形屋面下是开放而灵活的会议和展览空间，还有一个连通的私家花园。这一扩建设计使原本呆板的办公空间与活跃的城市空间发生联系，并营造了面向市民公共活动的缓冲界面。

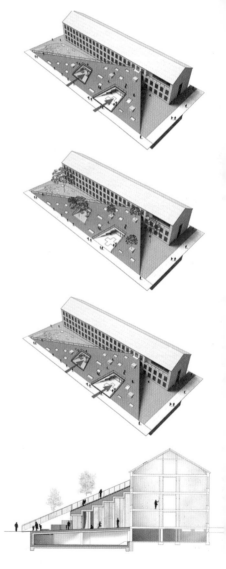

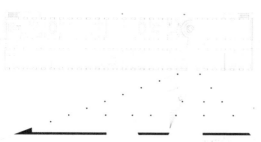
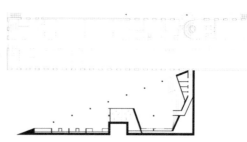

建筑层面——营造缓冲界面

折叠、连接、半围合

项目名称：西班牙普拉亚市政服务大楼
设计者：UAM 建筑事务所
图片来源：http://www.archdaily.com

　　西班牙普拉亚市政服务大楼作为整个大学城里的一个服务机构，其每一层的平台都呈折叠式设计，周围布满绿植，绕过延伸着的花园小径可以直接通往中央的小广场。

　　布置在各层外部的小桥同时也是入口，与服务综合大楼内部的各种功能相互连接。

　　设计通过绿植的坡地形成复杂的建筑功能与场地外围林地间的缓冲界面，使校园中的绿化景观得以延续。

　　学生、老师以及访客在这个自然景观与功能用途充分结合的环境中得以充分感受校园的魅力。

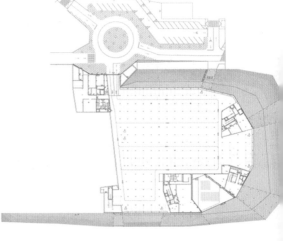

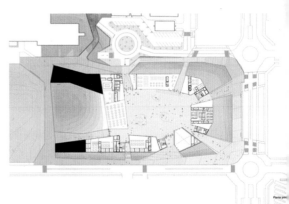

建筑层面——弱化领域空间

曲状结构与大地连接，创造"弱领域感限定"

项目名称：世宗艺术中心
设计者：DMP 建筑事务所
图片来源：http://www.archdaily.com

世宗艺术中心以一种自然的形态将城市和自然结合起来。这一形式既通过升起的建筑结构顺应城市肌理，又通过曲状结构与大地巧妙相接，从而与自然融为一体。

广场坡地状的结构借用非建筑的自然语言形成了"弱领域感限定"，使人们倍感亲切。

建筑层面——弱化领域空间

曲状结构与大地连接，创造"弱领域感限定"

项目名称：国家海洋博物馆

设计者：Holm 和 AI 建筑设计公司

图片来源：http://www.archdaily.com

　　该方案通过将湖的边界引入建筑，实现了一个凸起的滨水展厅。建筑本身也通过一个巨大的地景化屋顶将建筑各个功能联系起来。这一"顶"结构已经远远超出传统建筑概念中屋顶的范畴。

　　在这种亦内亦外的空间中，建筑的内部功能与场地的外部活动相互交融，从而激发了人们在建筑中的各种行为。

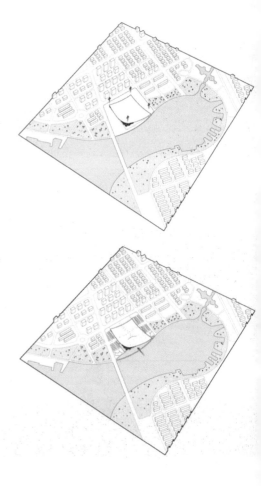

建筑层面——弱化领域空间

曲状结构与大地连接，创造"弱领域感限定"

项目名称：福建平潭博物馆
设计者：MAD建筑事务所
图片来源：http://www.archdaily.com

博物馆建筑本身就像是一座随时要漂离的小岛，通过栈桥与大陆相互连接。它是一个具有中国传统文化意境的水中景观，借由自然般柔和的围护结构，通过微弱的领域感区分建筑的空间。传统建筑院墙或封闭的体块围住的内部空间，具有很强的内部和外部的感受。而通过地景化的手法所围合的内部的广场空间，外与内的感受不断地发生着一种不太明确的模糊的变化，使人们的建筑空间体验更加丰富。

建筑层面——弱化领域空间

人工与自然在建筑空间中交织

项目名称：巴布阿巴荷壬城市绿洲
设计者：Influx_Studio
图片来源：http://www.archdaily.com

景观与建筑以相互侵入的方式融合成整体，建筑的形态也与自然形态产生了同构性。人工与自然在建筑空间中相互交织在一起，而开放的建筑内部功能又使建筑本身变成了一个巨大的公园。这样，不同属性的空间相互提升了彼此潜在的活力，打破了传统建筑中功能的隔离与分级，削弱了功能空间所具有的领域感。这种地景化的组织手法使得空间的组合不再有僵硬的分界。

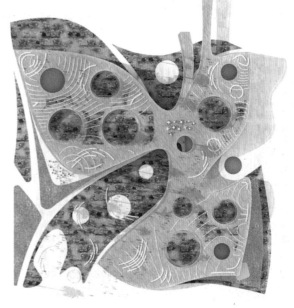

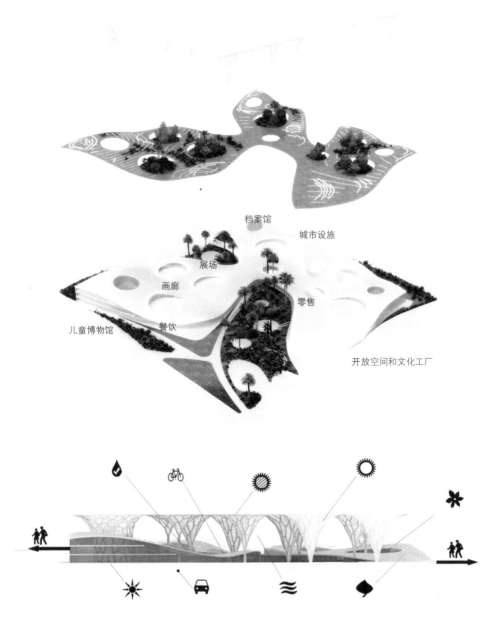

档案馆

城市设施

展场

画廊

零售

儿童博物馆

餐饮

开放空间和文化工厂

建筑层面——消隐建筑形态

折面屋顶连接海岸，消隐建筑形态

项目名称：西雅图奥林匹克雕塑公园
设计者：韦斯和莫弗雷迪
图片来源：http://www.archdaily.com

　　该方案设计了连续的折线形绿色坡道，由滨海直达城市。坡道整体呈斜坡状顺序连接河道与城市，并以架空的方式设置公路交通。

　　大面积的屋顶绿化使得建筑并未在纽约城区中凸显，而是隐匿成一种景观，为周边高层、超高层建筑服务。连续、曲折的屋面则扩大了滨海步行区，形成观海景观平台，使景观的连续性得到了加强和拓展。

建筑层面——消隐建筑形态

莫仿梯田的建筑形态

项目名称：Showcase 和 Enterprise Hub
设计者：Turkey 和 Lebanon
图片来源：http://www.archdaily.com

在这个小型生态工业园的设计方案中，设计师根据地形的高差变化将建筑的主体功能——办公室、车间等嵌入阶梯状的梯田景观，把建筑的主要体量消隐在场地中。

带状的建筑体量则构成了一个主要的交通枢纽和公共活动区域，人们在这里可以参观企业的展示并欣赏整个场地的美景。

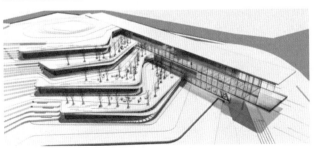

建筑层面——消隐建筑形态

巨毯般的地景化建筑覆盖地下空间

项目名称：Smithsonian South Mall Campus In D.c

设计者：BIG 建筑事务所

图片来源：http://www.archdaily.com

　　为了能够调和新与旧之间的矛盾，建筑师选择将新建建筑隐匿在广场之中，通过地下与既有建筑相联系，以增强既有历史建筑入口门厅的高度感受。

　　地景化中庭既作为新建建筑的屋顶，又作为既有建筑的入口绿化广场。扬起的两个角作为既有建筑的框景。在更远的地方，可以看到上面种植的花卉。

　　设计巧妙地弱化了新建建筑自身，以衬托历史建筑，增强建筑与景观的完整性。

建筑层面——消隐建筑形态
与既有山体融合的地景化手法

项目名称：莫斯格博物馆
设计者：Moesgård Museum 和 Henning Larsen
图片来源：http://www.archdaily.com

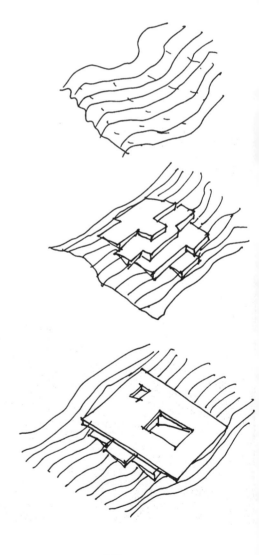

建筑师设计了一个巨大的矩形屋顶，覆盖了阶梯状博物馆，将其隐没在场地中，使得建筑成为周围景色的有机组成部分。

屋顶形成的宽阔场地为讲座、篝火晚会、传统约翰节等户外活动服务。站在这座屋顶花园，可以远眺到奥尔胡斯湾优美的景色。

设计将建筑消隐在场地中，不仅保护了景观的完整，还通过建筑形体的起伏优化了环境，场地的参与性得到了加强与拓展。

场所层面——体现建筑与自然相互间的"力"

具有内在力学逻辑的拓扑形态

项目名称：地景建筑体现与场地"力"的相互关系

图片来源：作者整理

　　自然环境之间存在各种各样相互作用的力，正是这些相互间力的作用使得自然环境中的各种要素得以和谐地融合在一起。

　　地景化建筑通过连续平缓的形态，与场地形成有机拓扑连续，仿佛在与自然通过相互之间"力"的作用而形成建筑形象。

　　通过相互的力体现张力中的平衡，不与自然生硬对立。通过建筑与自然之间"力"的体现，可以使建筑形态与自然环境和谐共存。

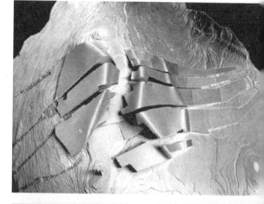

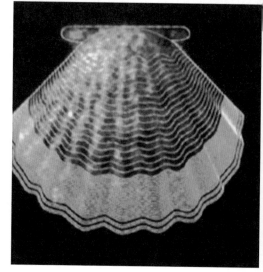

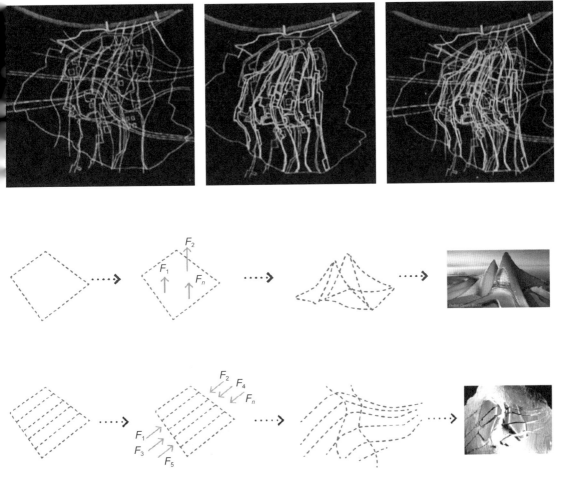

场所层面——体现建筑与自然相互间的"力"
具有内在力学逻辑的拓扑形态

项目名称：Logo Tower
设计者：BIG 建筑事务所
图片来源：http://www.archdaily.com

BIG 建筑事务所在 Logo Tower 的概念性设计方案中成功地将自然中的力的作用通过像素化单元的变化表达了出来。他们将自然界中拓扑形态的曲线进行数学上的转换，转变成为对应像素单元的变化。并用不太复杂的技术手段抽象地表现出自然形态中隐含的力的逻辑。建筑形态并没有像周围的常规建筑一样处于一种与环境对立的关系中，而是与大地产生了强有力的联系。

场所层面——体现自然系中系统的宇宙秩序

纯粹的正负拓扑形态体现秩序

项目名称：台湾高雄卫武营文化中心
设计者：Mecanoo Architecten BV 事务所
图片来源：http://www.archdaily.com

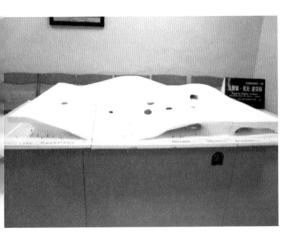

该方案通过创造有机的正负空间，营造一种沙丘或丘陵特质的空间。负空间具有广场、露天活动中心等功能，还作为内部空间的采光天井。

建筑室内外空间界定变得非常模糊。材质与特性的纯粹更加凸显了形态表达的强烈的秩序感。这种通过正负空间形成秩序的设计手法使得建筑所营造的场所具有一种寂静与孤独的氛围。

场所层面——体现自然系中系统的宇宙秩序

具有内在力学逻辑的拓扑形态

项目名称：Design World Peace Pavilion in Copenhagen

设计者：Junya Ishigami 和 Associates

图片来源：http://www.archdaily.com

该方案摒弃了多余的细节和装饰，通过纯粹的形态变化和纯白色概念化的形态元素创造出一种具有绝对空间秩序感的围合场所结构。

秩序空间使人感受到时间缓慢地流动，营造出一种具有"神性"的使人深刻自省的空间。秩序提供的静谧感受，是一种纯洁的宁静感。这样寂静的建筑空间让人们感受到时间的流逝。凝固而纯粹的大尺度空间使人体会到时间的连续性；简单的元素在绝对秩序下缓慢地重复，促使人们感知、思考、内省与静思。

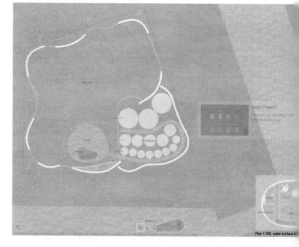

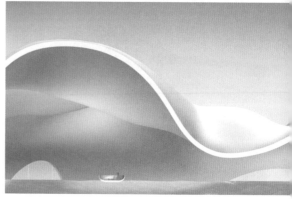

场所层面——抽象化自然界中的场景特性

模仿

项目名称：台北流行音乐中心
设计者：Suppose 事务所
图片来源：http://www.archdaily.com

该方案将设计的中心放在远景的大尺度场景感营造上，只是在整体形态上追求与自然的协调一致。

场所层面——抽象化自然界中的场景特性

莫仿

项目名称：Net-Positive Island Community
设计者：Dror 事务所
图片来源：http://www.archdaily.com

Dror 事务所设计的 Net-Positive Island Community，创造性地将垂直的高层建筑群"缠绕"在一个山丘形状的巨型构筑物上。建筑设计模仿了山体形态，将原本冰冷的高层建筑群转变成富有诗意的如自然山水般的环境，并提出了未来城市发展的一种新的模式。

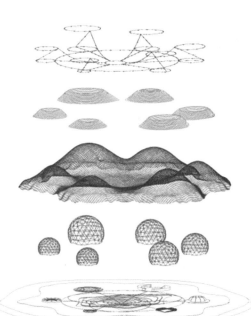

场所层面——抽象化自然界中的场景特性

模仿

项目名称：台北流行音乐中心
设计者：Suppose 事务所
图片来源：http://www.archdaily.com

整体开放、层层抬高的绿地系统和藏在其中的"山石"使入口的交通、公园、商业和后面的高层办公楼有机而又柔和地形成整体。整个建筑最核心的地方就是内部的一条长长的人造峡谷。从暖黄色到橘黄色逐渐过渡的条纹造型，好像沉淀层一样，沿着弯弯曲曲的"峡谷"的侧壁蔓延。

石材的选择取材于自然，如石灰石、砂岩或花岗岩，并且尽可能地展现石材粗犷淳朴的天然造型。

除去材料，空间也需要精心设计。在该方案中，设计师设计了"小湾""河谷""岩石洞"等不同场景和空间感受的场所，给顾客营造多样的购物空间体验。

场所层面——抽象化自然界中的场景特性

模仿

项目名称：Net-Positive Island Community
设计者：Dror 事务所
图片来源：http://www.archdaily.com

大学建筑群体设计依山就势，空间序列非常有趣。覆土建筑两侧的大玻璃幕墙使得自然光线能够很好地射入建筑。建筑上方的屋顶花园既是建筑和雕塑的集合体，也是城市和校园的附属绿地。中央空地常被作为集会广场、户外讲座场所、户外餐饮休息地、展览空间。同时它还是一个天然的阶梯教室。

设计师并没有重点刻画"峡谷"内部，但十分重视两侧屋顶的景观配置。由于屋面上营造了丰富的绿化和景观道路，建筑形态呈现出一种自然地形的场景感。

场所层面——抽象化自然界中的场景特性

摹仿

项目名称：土耳其伊兹密尔歌剧院

设计者：Nuvist 事务所

图片来源：http://www.archdaily.com

建筑形态通过不规则形体的强烈透视关系和碰撞、交织、缠绕的组合，呈现一种强烈的连续动感，仿佛流动的河流被凝固成冰川。

场所层面——抽象化自然界中的场景特性

诠释

项目名称：齐拉岛总体规划
设计者：BIG 建筑事务所
图片来源：http://www.archdaily.com

齐拉岛位于阿塞拜疆首都巴库的海湾，BIG 建筑事务所的规划方案借鉴阿塞拜疆名山的几何形态，塑造了七座"山峰"。设计师充分考虑了地理环境特征，但并未简单地模仿自然，而是人为地对七座山的形态特征进行了抽象化的表达：对于有很多分支山脉的奇迹之山，设计师用分形的树状结构加以诠释；对于仿佛巨大石块堆砌而成的形态张扬的五指山，设计师用一堆散落的方块对其进行抽象的诠释。对每一座山，设计师都总结了一个突出的形态特点，并用建筑的语言进行了诠释。

中国国画中的山形画法，被设计师借鉴并巧妙地应用于建筑人工"山体"之中。

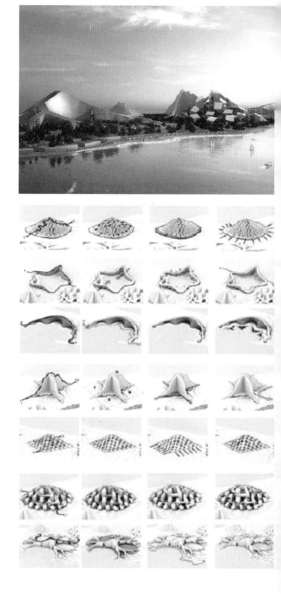

场所层面——抽象化自然界中的场景特性

诠释

项目名称：台北花莲洄澜湾特区
设计者：BIG 建筑事务所
图片来源：http://www.archdaily.com

同样的设计手法，BIG 建筑事务所再一次运用于台北花莲洄澜湾特区的设计方案中。该方案并没有刻意地模仿大自然中的山峰形态，而是借鉴了中国画中的山峦画法，并用建筑的语言进行加工，创造出群山的意蕴。

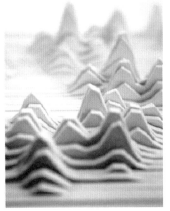

场所层面——场景感受的延伸

建筑是另一种形态的自然

项目名称：布尔诺火山与商业服务中心
设计者：伦佐·皮亚诺
图片来源：http://www.archdaily.com

长谷川逸子在其著作《作为第二自然的建筑》中提到了这样一个观点："建筑不应该被视为一种人工化的产物，它本身就是另一种形态的自然……建筑不应该被当做一种孤立的作品来设计，而应当被当做某种更大东西的一部分。"地景化建筑对于延伸场所感受可以说有得天独厚的优势。

布尔诺火山商业与服务中心就是一个延伸场景感的非常好的案例。建筑通过缓慢柔性过渡的边界和屋顶绿化，与广袤的大地形成了有机的整体。在一片旷野之中，火山的造型很自然地就将我们的视线引到了远处的自然山脉上，在无垠旷野上的巨大的建筑已经完全失去了人工的痕迹。近处的建筑体量和远处的山峰、大地、天空已经完全地与我们脑海中对于自然地景的认知相契合。

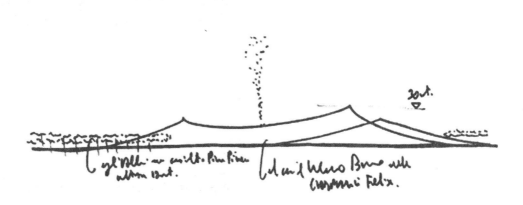

场所层面——场景感受的延伸

建筑是另一种形态的自然

项目名称：日本新国立体育馆
设计者：Architects 和 A+Architecture
图片来源：http://www.archdaily.com

设计师敏锐地捕捉到位于基地周围的一个面积比较大的城市公园，通过将相同的树种种植在建筑屋顶上，成功地将建筑形态消解到了城市的大的绿化景观体系之中，建筑与环境及地面有机地融合。

当我们欣赏建筑的时候，目光会不由自主地被吸引到更远的城市公园，对于场所的感受突破了基地的限制。

场所层面——场景感受的延伸

建筑是另一种形态的自然

项目名称：保罗·克利中心
设计者：伦佐·皮亚诺
图片来源：http://www.archdaily.com

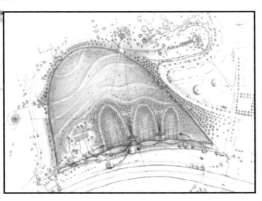

伦佐·皮亚诺设计的保罗·克利中心由3座相连的浪形建筑组成。建筑间通过150米长的通道相连，具有明显的"线条"特征。建筑与地面形成跳跃式的波浪形接触，形成规律的单向延展，并在与地面交接部分以地景化的方式平滑地与场地融合。

建筑通过规则的连续形态及边缘的柔性过渡，将人们对于场所的体验自然地转移到了与建筑形态衔接的公园绿地上。

02

地景化设计手法所创造的独特效果

　　地景化建筑可以通过其连续自由的形态创造出各种各样的模糊性，使空间更具有魅力，并创造出意义丰富、可以容纳多种活动的场所环境。

模糊性——空间模糊

按压与掀开地面创造空间模糊

项目名称：Natural History Museum Proposal
设计者：BIG 建筑事务所
图片来源：http://www.archdaily.com

建筑师试图创造一种和谐共存的空间，这种空间将传统博物馆空间与园林空间相融合，给人们带来不一样的观览体验。

博物馆位于城市植物园内，这样的基地环境使博物馆可以更加开放地融入自然。建筑师希望同时成就两种空间——园林中的博物馆和博物馆中的园林。

利用地景建筑手法，将地表缓缓"掀起"，在保证采光的情况下将博物馆空间巧妙地分散置入园林中，两种空间相互渗透、彼此交融，领域感变得模糊，都向人们表达着邀请之意。这种自然与建筑的模糊性给人们以全新体验。

模糊性——空间模糊

按压与掀开地面创造空间模糊

项目名称：北京绿色游客中心
设计者：JDS 建筑事务所
图片来源：http://www.archdaily.com

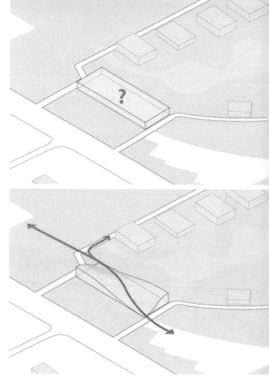

　　建筑师将屋顶下压、柔化，形成了交通路径。路径在上升和下降过程中带给人一种穿越感。这种手法还给建筑形体与大地的边界带来了渐变效果，制造了建筑自身的非正式空间领域感。交通空间的穿越感与功能式空间的领域感处于一种模糊状态，使城市空间变得更加有趣。

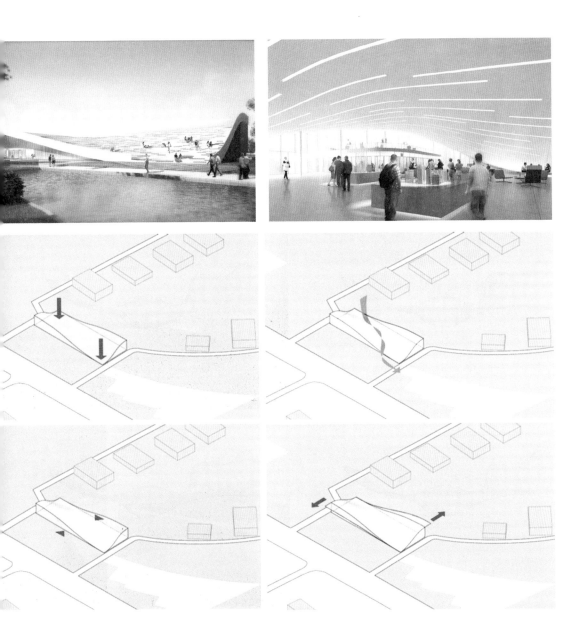

模糊性——空间模糊

按压与掀开地面创造空间模糊

项目名称：人体博物馆

建筑设计：BIG 建筑事务所、A+Architecture、Egis、Base、L'Echo、
Celsius Environnement 和 CCVH

图片来源：http://www.iarch.cn

建筑位于城市与公园交界处，两种城市界面在此交汇。地景化的建筑形态保证了城市、公园空间的连续性。

屋顶空间是集散空间，是交通空间，是逗留空间，是非正式的公共空间，也是非正式的博物馆空间。空间的多义性使空间状态模糊多变，也使各种在此发生的行为具有合理性。

模糊性——空间模糊

按压与掀开地面创造空间模糊

项目名称：丹麦索罗市某商住综合体
设计者：BIG 建筑事务所
图片来源：http://www.archdaily.com

 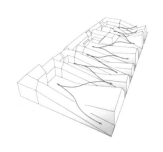 

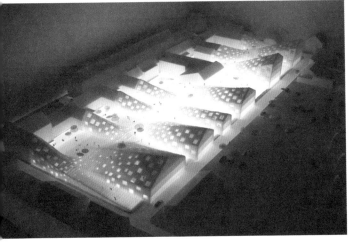

简单的坡起，既保证了足够的绿地，还增加了住户数量。地景化的形态创造一种连续的空间形态，使屋顶处于一种入口集散空间、交通空间与非正式的公共空间的模糊状态之中，营造出一种漫游空间。

空间没有明显的边界，模糊而不确定，轻松自由。

模糊性——功能模糊

观景台、露天剧院、檐下休息空间

项目名称：布鲁克林景观台
设计者：BIG 建筑事务所
图片来源：http://www.archdaily.com

翘起的木板形成了两种空间：屋顶空间与檐下空间。建筑的功能是灵活多样的，可以作为露天剧场举办活动，也可供人们休憩散步、逗留远眺。参观者可以从这里观赏到曼哈顿天际线的景色和自由女神像。

地景手法的运用，使 279 平方米（3000 平方英尺）的平台与公园景观和谐相融。由地景手法产生的建筑多义性带来了使用功能的多义与模糊，各种规模的行为可以在这里发生，城市生活更加多姿。

模糊性——功能模糊

建筑还是家具

项目名称：北海道茶室
设计者：畑友洋建设事务所
图片来源：http://www.archdaily.com

北海道茶室是一个"家具建筑"，尺度与人很亲近。一个螺旋形坡状大型曲面，既是桌子，又是屋顶，随着尺度的渐变，它的功能也发生了变化。

建筑功能的模糊，促使人们根据自己的意愿和感觉来使用建筑空间，与之发生互动。模糊意味着不确定。不确定性却为人们发挥自我主动性提供便利，建筑则变得更有趣。

模糊性——行为模糊

覆盖、行走、停留

项目名称：法国里昂雷诺卡车总部
设计者：MADA 建筑事务所
图片来源：http://www.archdaily.com

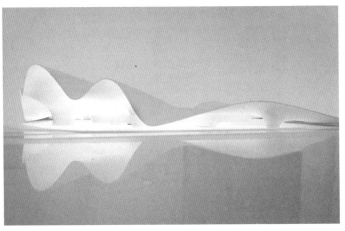

　　自然起伏的屋顶不仅为人们提供了覆盖空间，还形成了可行走的变化屋面。在曲率与方向变换中，人们会产生不同的行走轨迹，也可席地而坐，这些不确定性都带来了行为的模糊性。

　　这一建筑具有流动性和灵活性，能促进协作、互动，提高空间利用率。

模糊性——行为模糊

形式的多变，创造更多行为的可能

项目名称：PIER 海边商业综合体

设计者：BIG 建筑事务所

图片来源：http://www.archdaily.com

这个综合商业体通过起坡、切分退台等手法，使本没有使用功能的屋顶尺度宜人。在这里，人们可坐下交谈、可漫步闲逛、冬季还可以滑雪溜冰、多种形式的台阶还可以让人们以不同的形式交流。起伏的平台给人们提供了亲水、观水的场所，地景手法带来了建筑形式的多变，而由此也为多样行为的发生与交互创造了可能。

模糊性——行为模糊

攀登屋面与屋顶种菜的独特居住体验

项目名称：Villa 003
设计者：Rafi Segal 建筑事务所
图片来源：http://www.archdaily.com

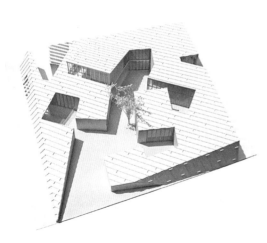

设计采取地景化的手法，将别墅设计成一个连续升起的坡形建筑。中央是开放的庭院。设计师通过一系列不同私密程度的庭院来创建人对建筑的多种形式的参与。庭院有公共的，有私密的，还有半公共半私密的。每一个庭院都有一个属于自己的主题，人置身其中，既有不同的空间围合感，也通过庭院体验到别墅建筑空间的不同氛围。

建筑的整体造型是从地面逐渐升起的坡体，在这个大型坡体的顶面，人们可以进行种植活动，这无疑扩大了人的生活体验空间。

模糊性——行为模糊

形式的多变创造更多行为的可能

项目名称：New Valer Church
设计者：OOIIO 建筑事务所
图片来源：http://www.archdaily.com

与地面相接的"甲板"使建筑与环境浑然一体。无限延展的"甲板"似乎在向人们发出邀请，邀请人们走上去，远眺风景，或开展各种活动。

设计使教堂与城市生活相融合。"甲板"的弧度设计可以满足多种娱乐休闲行为的发生，弧度的渐变考虑了行为的混合与模糊。

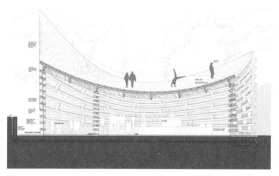

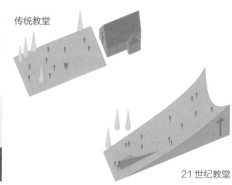

传统教堂

21 世纪教堂

体验性——事件体验

可以种菜的连续地景幼儿园

项目名称：越南农场幼儿园
设计者：Vo Trong Nghia 建筑事务所
图片来源：http://www.archdaily.com

设计以增加儿童与自然的接触为目标，通过三个环形的建筑形态，形成三个内向性的庭院，为幼儿提供有归属感的活动场地。在屋顶表面种植草坪和植物，屋顶的两端往地面倾斜，提供到达顶层菜园的通道，让儿童在自己动手种植的过程中感受人与自然的关系。

三个环形建筑既创造了对内的活动场地，也增大了屋顶种植面积。

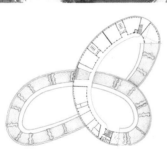

体验性——事件体验

独特的造型创造别样的攀岩感受

项目名称：SPP-St. Petersburg Pier
设计者：BIG 建筑设计事务所
图片来源：http://www.archdaily.com

 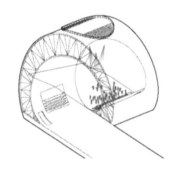 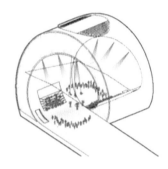

该方案将城市规划路网在码头汇集，并最终消失于海水中。在码头即将消失的位置，建构了一个模拟海浪的环形建筑。

设计者通过模仿海的波浪这一地景化手法，强化建筑所处的独特位置，在天际线和水岸线之间增强了建筑的识别性。波浪形的曲线建筑容纳了建筑的多个功能，如群体性的观演、个人独立的攀岩、观景等活动。

体验性——事件体验

建筑本身就是滑梯！

项目名称：MAR – Maritime Youth House
设计者：Plot 建筑设计事务所
图片来源：http://www.archdaily.com

该项目由两个业主所共享，一个是帆船俱乐部，一个是青年中心。两个业主的需求截然不同：青年中心需要提供儿童玩耍的室外场地，而帆船俱乐部则需要有大量场地来停泊船只。设计师综合考虑了这两种需求，甲板平台升到足够的高度，在其下停放船只，连绵起伏的甲板又为儿童提供了奔跑玩耍的空间。设计师运用空间复合手法满足了不同的需求，功能互不影响，并实现了空间效益最大化。

体验性——联想体验

火葬场——大地裂开的缝隙！

项目名称：SK2- 树林火葬场
设计者：BIG 建筑事务所
图片来源：http://www.archdaily.com

该方案建筑形似火山口，引导观者产生"大地吞噬一切"的联想。从立面上看，起翘的结构和"裂缝"通道呈现出极强的升腾感。这是起翘结构倾斜成一定角度引起的视觉感受。强烈的升腾感与树林基地林立的树干相互呼应，营造出安宁、肃穆的氛围，失去亲友的生者在这种富有纪念性和仪式感的空间中容易联想到逝者在此地安息、升入天堂，可以得到心灵上的慰藉。

体验性——联想体验

新人是贝壳中的两粒珍珠!

项目名称:南京婚礼教堂概念设计
设计者:SO-IL 建筑事务所
图片来源:http://www.archdaily.com

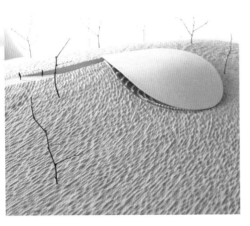

起伏的屋面与地面自然形成的空隙,使远处的山脉和长江景色被自然地引入教堂的视线范围内。

建筑平面中,家具的摆放呈螺旋形态,犹如珠串、星系环绕。生活中,贝壳、珠串以及星系的形象多见于珠宝设计中,有着纯洁、美好的寓意,提示着婚礼教堂所代表的幸福和快乐。

颜色、形态均是地景化建筑设计中常用于引导使用者进行联想体验的手法。多重手法的叠加在效果的实现上将大大超过单一手法的使用。

体验性——联想体验

撕裂的大地——大屠杀纪念馆

项目名称：大西洋城浮桥大屠杀纪念馆
设计者：Patrick Lausel
图片来源：http://www.archdaily.com

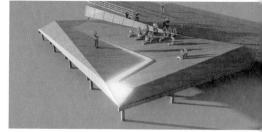

　　该方案在上人屋顶采用了地景化处理手法。褶皱的屋顶以倾斜、折叠等空间组合手法引发观者对大屠杀造成的破碎、绝望加以联想，以象征和隐喻的方式暗示大屠杀的暴力性质，回应了室内展览的主题。倾斜、起翘的反光材料以斜面形态沿屋面对角进行不规则切割，横亘整个屋面，在屋面一角戛然而止。在与光线相互作用的过程中形成一条"光之河"，引导观者体验和平的"希望之光"。

体验性——联想体验
地震裂缝般的灾后重建建筑

项目名称：仙台地震纪念馆
设计者：学生竞赛
图片来源：http://www.archdaily.com

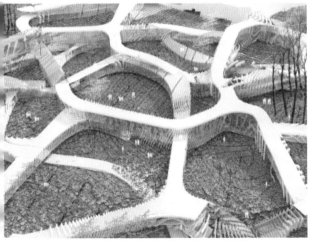

该方案名为"再生地形"，在仙台地震纪念馆的设计竞赛中获得优秀奖，该方案也是联想体验在纪念性地景建筑中的应用。

在规划层面，整个建筑群采用环状围合穿插的形式，自然形成"环形线"围合的"院落凹陷"，与地震中大地的凹陷异曲同工。屋顶层面的"环形线"强化了陷落感，带给参观者更多的对地震的联想。

在实际应用中，环状的"线"还部分具有防洪作用。规划、建筑单体以及建筑细部三个层面上对于"环形陷落"的应用对参观者有着强烈的"地震"诱导性，突出了建筑的主题。

体验性——联想体验

类似火山喷发一样的防灾中心

项目名称：伊斯坦布尔灾难预防教育中心
设计者：Riccardo Maria
图片来源：http://www.archdaily.com

该方案为形似火山的建筑体。从建筑内部向天空散射的彩色灯光，犹如火山喷发。鲜明的形象隐喻周边山区时常发生的地质灾害，也吸引远方的观者步入建筑、参观建筑，从中获取预防灾难的相关知识。

建筑的立面覆盖着来自周边基地的沙砾，因而建筑与基地在材质上具有统一性。建筑立面以巨大的碎片形态呈现在观者面前，犹如灾后倾颓的山体，引发观者的联想和沉思。

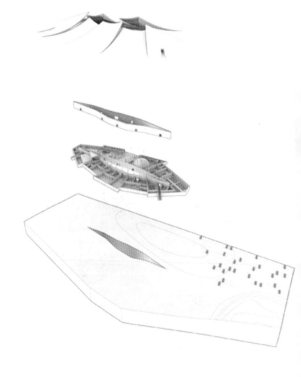

体验性——联想体验

人工山体彰显重庆特色

项目名称：重庆十八梯村落改造方案
设计者：学生竞赛
图片来源：http://www.archdaily.com

　　该方案的使用者选择从该区域的地形入手，以连绵起伏的山势地形作为整个方案的立意出发点，使人从景观层面感知到原有氛围。地形处理的高差在建筑单体层面又形成了每个建筑"和而不同"的纽带——起伏的地形以踏步的形式呈现，成为各建筑单体相互连通的平台。行走于其间，重庆十八梯地区特有的地形特征和原始氛围令人印象深刻。

交互性——停留交互

不同功能的交叉创造交流可能

项目名称：KUBE 城市穿行路
设计者：BIG 建筑事务所
图片来源：http://www.archdaily.com

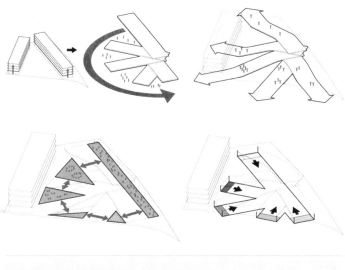

建筑由五个功能体块构成，它们分别向五个方向延伸，并向下倾斜与地面连接。

地景式设计手法将建筑体量消解到城市空间中，人们可以从城市的多个方向漫步到建筑屋顶之上，又可通过屋顶处的建筑入口自然地进入建筑内部，形态复杂的建筑屋顶则成为城市空间的一部分。

人们可以在这里驻足停留。这是一个令人开心的、自然的、有生机的、有想象力的空间，这种模糊、不确定的复合公共空间，揭示了这栋建筑别出心裁之处的来源。地景化建筑所创造的交互性为这座建筑的使用提供了更多的可能性。

交互性——停留交互

独特的建筑形态创造停留交互的可能

项目名称：Arts Pavilion Proposal
设计者：XML 建筑事务所
图片来源：http://www.archdaily.com

XML 建筑事务所设计的这家艺术馆提供两种不同类型的展览空间：室内，封闭的"玻璃盒"提供 4.5 米高的通畅空间，可以适应无限量的绘画、雕塑、录像展览、摄影和其他媒体；室外，建筑屋顶向下倾斜，成为公共艺术广场的第二展览空间。人们可以直接漫步到屋顶，在这里欣赏维多利亚港的景色和户外展览。该馆可容纳多种艺术类型，室内外展览相互融合的方式，创造了独特的停留场所。

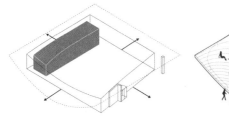

交互性——停留交互

既可拾级而上，又能随处停留

项目名称：Chongqing Circus City
设计者：BIG 建筑事务所
图片来源：http://www.archdaily.com

设计师结合场地的山地地形，将建筑演变成一个螺旋形的"阶梯"，一直延续到建筑屋顶。建筑底部衔接了城市广场和街道，形成了"拾级而上"的建筑形态。城市环境自然地延伸至建筑屋顶。阶梯放大形成的入口，连通了建筑内部。因此阶梯并非完全属于城市公共空间，它也是建筑内部空间向外的延伸。在建筑内部，随着天花板的逐渐升高，形成丰富多样的室内空间。

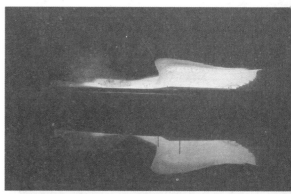

交互性——停留交互

巨型屋面台阶创造人流停留交互的可能性

项目名称：大邱五山公共图书馆和圣基公园（Sunggi Park）
图片来源：http://www.archdaily.com

　　设计的焦点在于完成舒适和充满吸引力的建筑，并使之成为周围居民生活的一部分。

　　设计师将建筑体量压低，并连接图书馆所在的公园，市民可以在图书馆内部看书，也可以在建筑屋顶停留。原有的公园被扩大，成为城市公共空间的一部分。这个被放大的城市空间成为建筑与城市、建筑内部与外部交互的场所。

交互性——停留交互

巨型屋面台阶创造人流停留交互的可能性

项目名称：莫斯科理工博物馆和教学中心
设计者：3XN 建筑事务所
图片来源：http://www.archdaily.com

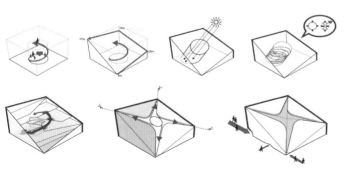

建筑结合周边环境，并通过地景化的斜切实现了室内外人流的开放互动。

博物馆遵从现有的校园建筑轴线，西南角面向学生的主要人流方向，逐渐下降的屋顶延伸向景观，为学生提供了一个多样化的活动空间和露天剧场。

屋顶咖啡馆和呈梯田状分布的座位将室外环境引入了室内，创造了一个内外交流互动的场所。无论从城市的意义还是建筑的角度，这都是一个鼓励内在和周围、内部和外部互动的建筑。

交互性——停留交互

屋面露台创造人流停留交互的可能性

项目名称：阿纳姆文化中心
设计者：NL 建筑事务所
图片来源：http://www.archdaily.com

　　该方案通过层层退台的处理，将建筑体量逐渐降低并与地面接壤，这种做法创造了一个独特的屋顶室外平台，参观者可以从底部拾级而上。对称排列的楼梯邀请参观者漫步到屋顶，并驻足停留，享受阿纳姆沿岸的风景。地景化的退台处理方式允许任何人短暂停留，为公众提供了一个极具活力的社交区域。

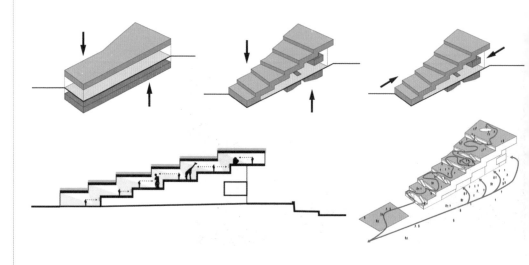

交互性——穿越交互

汇聚不同流线，创造趣味穿越体验，提供交互可能

项目名称：阿纳姆文化中心

设计者：NL 建筑事务所

图片来源：http://www.archdaily.com

这个由带状坡道缠绕组成的滨水中心被建筑师称为"飘浮的云"。

环绕的坡道将人行道路与地下停车库分离开，并向多个方向延伸，连接了轮渡码头、有轨电车站、巴士站、城市中心区、公园、多瑙河。

这座建筑物作为文化和社会功能的复合系统，用连续流动的循环旋涡结构连接了多个地区，交织复杂的螺旋坡道像一个线团一样让参观者在各个区域的多种功能空间中找寻属于自己的最佳位置。环状的坡道把周围的美丽景色最大限度地纳入其中。人们在穿越的过程中，不断地被周围的景色所吸引。

视线的相互交融使人们感受到空间距离的存在，需要理清自己在建筑中的位置才能继续前进。此时，参观者又不断被复杂变化的空间和丰富的活动所"打断"，以至于摸不清方向，迷失于建筑之中，空间变得丰富而有趣。

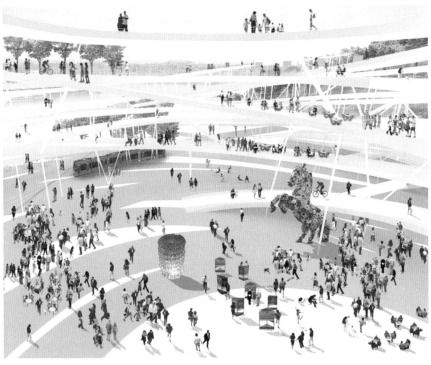

交互性——穿越交互

汇聚不同流线，创造趣味穿越体验，提供交互可能

项目名称：Ponte Parodi
设计者：UN 工作室
图片来源：http://www.archdaily.com

这座三层的综合体包含了一座观演剧场、邮轮码头、咖啡厅和餐厅。多功能的建筑由三条主要流线交织在一起，其中包括：内部功能流线、屋顶绿色流线、活动空间休闲流线。

流线交叉设计，为参观者在穿行途中产生交互行为提供了可能性。参观者可以通过一条人行步道到达开放的功能区和屋顶广场。人行道路围绕着建筑功能布置，从中延伸出来的次干道还可以直达屋顶。

步道从基地附近的街道开始，一直延续到海边，最终形成一个滨水休闲廊道。

内部流线结合公共空间流线，将首层的商业空间联系起来。同时，三条流线相互穿插、并置形成的折叠空间，在建筑首层和顶层的广场形成了一系列的景观节点，并在主体建筑物中形成大小不一的绿色交互空间。

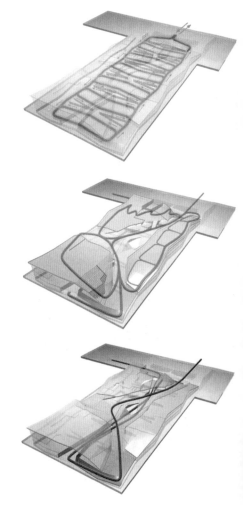

内 容 提 要

景观都市主义把建筑和城市基础设施理解为景观的延续或是地表的隆起，在这种思潮的影响下，地景建筑应运而生。本书通过对大量国内外地景建筑设计方案的整理和归纳，探讨了地景建筑的发展、特征，分别从自然层面、城市层面、建筑层面和场所层面阐述了地景建筑的设计手法，并从模糊性、体验性与交互性三个方面解析了地景建筑所追求的独特目标。书中国内外优秀设计案例的解析，为读者提供了可以借鉴的设计策略。

本书可供建筑师、高等院校建筑专业师生、建筑学爱好者阅读使用。

图书在版编目（CIP）数据

非标准地景 ： 当代地景建筑"非常规融合技巧" / 陈克强编著. -- 北京 ： 中国水利水电出版社，2018.1
（非标准建筑笔记 / 赵劲松主编）
ISBN 978-7-5170-5878-6

Ⅰ．①非… Ⅱ．①陈… Ⅲ．①景观设计－建筑设计
Ⅳ．①TU-856

中国版本图书馆CIP数据核字(2017)第235846号

书　名	非标准建筑笔记 非标准地景——当代地景建筑"非常规融合技巧" FEIBIAOZHUN DIJING——DANGDAI DIJING JIANZHU "FEICHANGGUI RONGHE JIQIAO"	
作　者	丛书主编　赵劲松 陈克强　编著	
出版发行	中国水利水电出版社 (北京市海淀区玉渊潭南路1号D座　100038) 网址: www.waterpub.com.cn E-mail: sales@waterpub.com.cn 电话: (010) 68367658 (营销中心)	
经　售	北京科水图书销售中心 (零售) 电话: (010) 88383994、63202643、68545874 全国各地新华书店和相关出版物销售网点	
排　版	北京时代澄宇科技有限公司	
印　刷	北京科信印刷有限公司	
规　格	170mm×240mm　16开本　7.5印张　117千字	
版　次	2018年1月第1版　2018年1月第1次印刷	
印　数	0001—3000册	
定　价	45.00元	